哈哈哈！有趣的动物（第二辑）

大猩猩

〔法〕蒂埃里·德迪厄 著

大南南 译

C¹S 湖南教育出版社

· 长沙 ·

"你这样，我如何正确地观察你呢？"

——永田达爷爷

大猩猩主要吃树皮、树叶和果子。

它在树枝做的窝里睡觉。

最重的大猩猩有 350 千克。

大猩猩妈妈移动时，
会把宝宝抱在怀里。

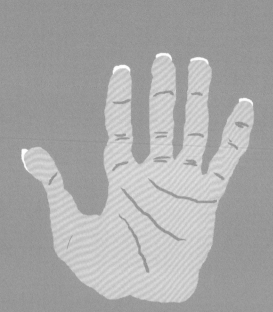

大猩猩的手跟人的手很像。

大猩猩是少数会使用工具的动物之一。

大猩猩手脚并用，用四肢行走。

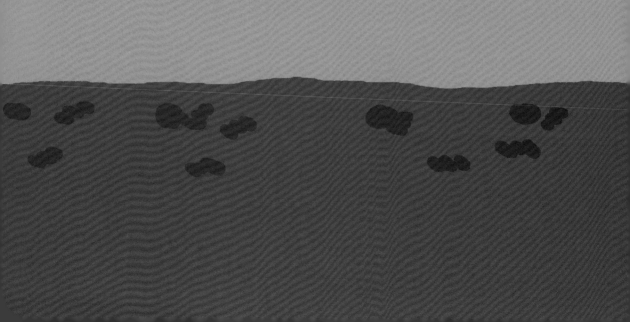

大猩猩群居生活。

当大猩猩生气时，它会拍打胸脯。

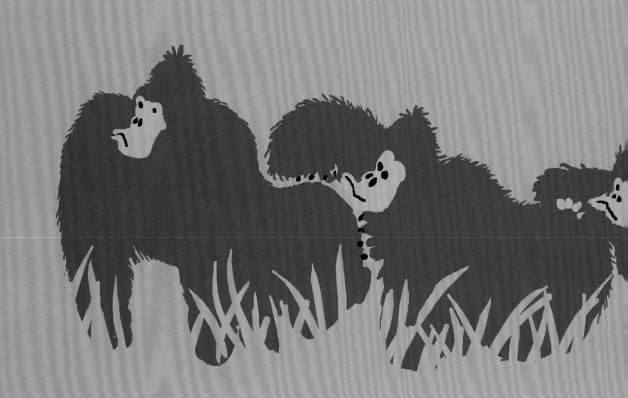

大猩猩会为朋友们捉虱子，
这是它们友谊的体现。

"我不想看到有人嘲笑我······
明白了吗？"

一岁的孩子就能读科普书？

没错，因为这是永田达爷爷特别为低龄小朋友准备的启蒙科普书。家长们会发现，这本书的文字量很少，画面传递的信息非常精简，但是非常有趣，特别适合爸爸妈妈跟孩子进行亲子阅读。

赶紧和孩子一起打开这本《大猩猩》，跟着永田达爷爷一起来看看大猩猩吧！

请孩子观察一下大猩猩，说一说它的外形特点。翻到大猩猩的手掌那一页，可以让孩子把小手拿出来比一比，说一说有什么相同跟不同之处。正是因为大猩猩的手掌跟人类的很像，所以它是少数能够使用工具的动物之一。合上书，请孩子回忆一下，大猩猩喜欢吃什么？在什么地方睡觉？为了表示友谊，它们会为彼此做一件很特别的事情，是什么呢？最后还可以跟孩子一起玩模仿游戏，学一学大猩猩走路的样子、生气的样子，看谁学得更像！

图书在版编目（CIP）数据

哈哈哈！有趣的动物. 第二辑. 大猩猩 /（法）蒂埃里·德迪厄著；大南南译. 一长沙：湖南教育出版社，2022.11
　　ISBN 978-7-5539-9285-3

Ⅰ.①哈… Ⅱ.①蒂… ②大… Ⅲ.①大猩猩 – 儿童读物 Ⅳ.①Q95-49

中国版本图书馆CIP数据核字（2022）第190718号

First published in France under the title:
Le Gorille
Tatsu Nagata
© Éditions du Seuil, 2007
著作权合同登记号：18-2022-214

HAHAHA! YOUQU DE DONGWU DI-ER JI DAXINGXING
哈哈哈！有趣的动物 第二辑 大猩猩

责任编辑：姚晶晶　陈慧娜　李静茹
责任校对：王怀玉
封面设计：熊　婷
出版发行：湖南教育出版社（长沙市韶山北路443号）
电子邮箱：hnjycbs@sina.com
客服电话：0731-85486979
经　　销：湖南省新华书店
印　　刷：长沙新湘诚印刷有限公司
开　　本：787 mm×1092 mm　1/16
印　　张：1.75
字　　数：10千字
版　　次：2022年11月第1版
印　　次：2022年11月第1次印刷
书　　号：ISBN978-7-5539-9285-3
定　　价：152.00 元（全8册）